来发现吧，来思考吧，来动手实践吧
一套实用性体验型亲子共读书

**6**

# 365数学
## 趣味大百科

日本数学教育学会研究部 著
日本《儿童的科学》编辑部 著

卓 扬 译

九州出版社
JIUZHOUPRESS

**图书在版编目（CIP）数据**

365 数学趣味大百科 . 6 / 日本数学教育学会研究部，
日本《儿童的科学》编辑部著 ; 卓扬译 . -- 北京 : 九
州出版社，2019.11（2020.5 重印）
ISBN 978-7-5108-8420-7

Ⅰ . ① 3… Ⅱ . ① 日… ② 日… ③ 卓… Ⅲ . ① 数学—
儿童读物 Ⅳ . ① 01-49

中国版本图书馆 CIP 数据核字（2019）第 247714 号

著作权登记合同号：图字：01-2019-7161

# 来自 读者 的反馈

## （日本亚马逊 买家 评论）

 **id: Ryochan**

　　关于趣味数学的书有很多，像这种收录成一套大百科的确实不多。书里介绍了许多数学的不可思议的方法和趣人趣闻。连平时只爱看漫画类书的孩子，不用催促，也自顾自地看起了这本书。作为我个人来说，向大家推荐这套书。

 **id: 清六**

　　这是我和孩子的睡前读物。书里的内容看起来比较轻松，也相对浅显易懂。

 **id: pomi**

　　一开始我是在一家博物馆的商店看到这套书的，随便翻翻感觉不错，所以就来亚马逊下单了。因为孩子年纪还小，所以我准备读给他听。

 **id: 公爵**

　　孩子挺喜欢这套书的，爱读了才会有兴趣。

**匿名** ──────────────────────────────────────────

这是一套除了小孩也适合大人阅读的书，不少知识点还真不知道呢。非常适合亲子阅读。

**匿名** ──────────────────────────────────────────

给侄子和侄女买了这套书。小学生和初中生，爸爸和妈妈，大家都可以看一看。

**id: GODFREE** ──────────────────────────────────────

从简单的数字开始认识数学，用新的角度发现事物的其他模样，这套书让孩子尝试全新的探索方式。数学给我们带来的思维启发，对于今后的成长也大有裨益。

**id: Francois** ──────────────────────────────────────

我是买给三年级的孩子的。如何让这个年纪的孩子对数学感兴趣，还挺叫人发愁的。其实不只是孩子，我们家都是更擅长文科，还真是苦恼呢。在亲子共读的时候，我发现这套书的用语和概念都比较浅显有趣，让人有兴致认真读下来。

**id: NATSUT** ──────────────────────────────────────

我是小学高年级的班主任。为了让大家对数学更感兴趣，我为班级的图书馆购置了这套书。这套书是全彩的，有许多插画，很适合孩子阅读。

# 目　录

 图标介绍

 计算中的数学

 测量中的数学

 图形中的数学

 规律中的数学

 历史中的数学

 生活中的数学

 数学名人小故事

 游戏中的数学

 体验中的数学

库比特

# 目 录

# 本书使用指南

## 图标类型

本书基于小学数学教科书中"数与代数""统计与概率""图形与几何""综合与实践"等内容，积极引入生活中的数学话题，以及"动手做""动手玩"的内容。本书一共出现了9种图标。

### 计算中的数学
内容涉及数的认识和表达、运算的方法与规律。对应小学数学知识点"数与代数"：数的认识、数的运算、式与方程等。

### 测量中的数学
内容涉及常用的计量单位及进率、单名数与复名数互化。对应小学数学知识点"数与代数"；常见的量等。

### 规律中的数学
内容涉及数据的收集和整理，对事物的变化规律进行判断。对应小学数学知识点"统计与概率"：统计、随机现象发生的可能性；"数与代数"：数的运算等。

### 图形中的数学
内容涉及平面图形和立体图形的观察与认识。对应小学数学知识点"图形与几何"：平面图形和立体图形的认识、图形的运动、图形与位置。

### 历史中的数学
数和运算并不是凭空出现的。回溯它们的过去，有助于我们看到数学的进步，也更加了解数学。

### 生活中的数学
数学并不是禁锢在课本里的东西。我们可以在每一天的日常生活中，与数学相遇、对话和思考。

### 数学名人小故事
在数学历史上，出现了许多影响世界的数学家。与他们相遇，你可以知道数学在工作和研究中的巨大作用。

### 游戏中的数学
通过数学魔法和益智游戏，发掘数和图形的趣味。在这部分，我们可能要一边拿着纸、铅笔、扑克和计算器，一边进行阅读。

### 体验中的数学
通过动手，体验数和图形的趣味。在这部分，需要准备纸、剪刀、胶水、胶带等工具。

## 作者
各位作者都是活跃于一线教学的教育工作者。他们与孩子接触密切，能以一线教师的视角进行撰写。

## 阅读日期
可以记录下孩子独立阅读或亲子共读的日期。此外，为了满足重复阅读或多人阅读的需求，设置有3个记录位置。

## 日期
从1月1日到12月31日，每天一个数学小故事。希望在本书的陪伴下，大家每天多爱数学一点点。

## 迷你便签
补充或介绍一些与本日内容相关的小知识。

## 引导"亲子体验"的栏目
本书的体验型特点在这一部分展现得淋漓尽致。通过"做一做""查一查""记一记"等方式，与家人、朋友共享数学的乐趣吧！

# 从正面看?

## 平面图·立体图形

熊本县　熊本市立池上小学

**藤本邦昭**老师撰写

6月
01日

阅读日期　　月　日　　月　日　　月　日

## 你看见了什么?

图1

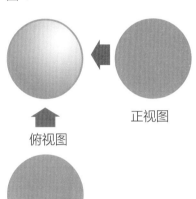

正视图

俯视图

观察一个球体,你会发现不管是从上往下看,还是从正面看,映入眼帘的都是一个"圆"(图1)。

今天,我们将从俯视和正视的角度,观察一个立体图形。

观察某一个立体图形,从上往下看也是圆,不过从正面看就是三角形(图2)。你能猜出它是什么立体图形吗?

对了,就像一顶尖尖的帽子(图3)。

图2

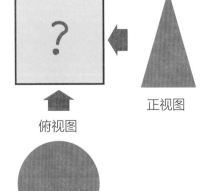

正视图

俯视图

图3

再来观察另一个立体图形，从上往下看是正方形，从正面看是三角形。你能猜出它是什么立体图形吗（图4）？

没错，就是如图5所示的立体图形。

严格来说，依据从一个或两个方向看到的平面图形，其实还不能完全确定立体图形的形状。

不过，在和家人、朋友玩"图形猜猜猜"游戏中，猜出其中有可能的图形，也是完全可以的。

图4

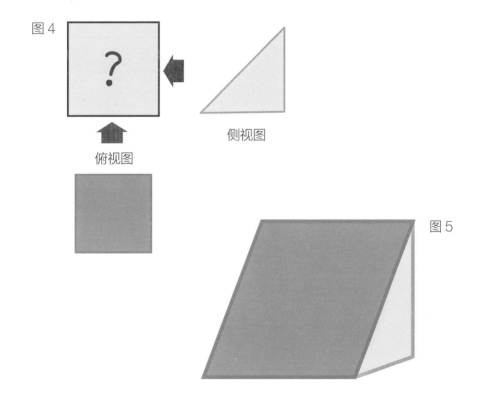

侧视图

俯视图

图5

从物体上方观察，得到俯视图。从物体正面观察，得到正视图。更多视角变化的趣事，请见4月26日、5月8日。

# 伊能忠敬 "走" 出了日本地图

明星大学客座教授
**细水保宏**老师撰写

## 在江户时代学习天文历法

如何制作一张地图？一拍脑门用机器在空中拍了照片，然后用软件测量距离、分辨地形？这个想法的准确度暂且不论，在没有航空技术的过去，人们又是如何制作地图的呢？

在日本江户时代后期，有一个人徒步走遍日本，对日本地图的绘制工作做了重大贡献。他就是伊能忠敬（1745-1818 年）。50 岁时，伊能忠敬拜入天文学家高桥至时门下，学习西洋历法、测图法，实现了他自小渴望研究天文历法的愿望。

## 精确度相当高的的伊能图

走啊走啊走……

1800 年，伊能忠敬着手测量虾夷地（现北海道）东南海岸，开始进行第 1 次测量——北海道和本州岛东北部的测量。1 步、2 步，伊能忠敬亲自进行步测，走了 350 万步。遇到拐弯，就使用指南针确认方向。看见高山，就利用望远镜确定高度。

随着第 2 次、第 3 次测量工作的推进，他们使用的道具也越来越多。在道路和海岸上竖起标志棍，使用绳子或铁链测量距离。遇到远离陆地的地方，伊能忠敬会乘坐小船前往调查。

从北海道到九州，伊能忠敬走出了 4000 万步，完成了日本全国的测量。

从 1800 年到 1816 年，伊能忠敬走出了 4 万公里，差不多等于地球的周长。

1818 年，伊能忠敬与世长辞，终年 74 岁。但是他的地图并没有完成，地图的制作工作由他的家人和门人继续完成。3 年后的 1822 年，高桥至时的儿子高桥景保完成了《大日本沿海舆地全图（伊能图）》。

如果你有机会看一看伊能图，就会惊讶地发现这份制作于 200 年前的地图，与现在的日本地图相比，精确度相当之高。

大家都能做的步测

首先，测量一下自己的步幅（1 步的长度）。然后，数着 1 步、2 步开始步行。步幅乘以步数，就是距离。如果在户外进行测量，请注意安全哟。

伊能图分为大、中、小三种尺寸。其中，最大的伊能图将日本全域分为 69 张小图，全部组合在一起，足有 500 块榻榻米的大小。

# 小人儿的身高

东京都 杉井区立高井户第三小学

**吉田映子**老师撰写

## 折一折，量一量

折纸中，小人儿的折法有很多，今天我们来介绍其中的一种。折法很简单。很快就把小人儿折好了。

在折纸中，"将4个角沿折线向箭头方向折叠"，一共进行了3次。因此，我们手中的正方形也越折越小了。

来比一比，小人儿的身高恰好是方形纸边长的一半。这是为什么呢？

仔细观察折纸过程，可以发现，在第一次"将4个角沿折线向箭

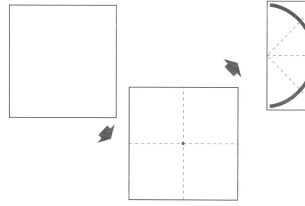

①首先，进行两次对折，形成两条折线。

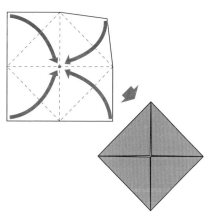

②将4个角沿折线向箭头方向折叠。

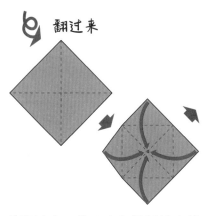

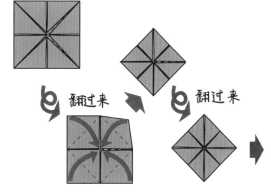

③翻过来，将 4 个角沿折线向箭头方向折叠。

④再翻过来，将 4 个角沿折线向箭头方向折叠。

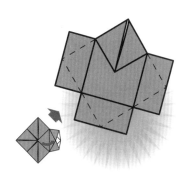

⑤最后翻 1 次，将其中 3 个角分别向外推并压平，折出小人儿的手和脚。

头方向折叠"后，正方形对角线等于方形纸的边长；第二次后，正方形边长等于方形纸边长的一半。第三次后，正方形对角线等于方形纸边长的一半。因此，小人儿的身高恰好缩水了一半。

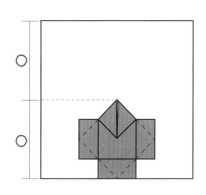

迷你便签

把方形纸裁成 4 块小正方形。小正方形的面积是方形纸的 $\frac{1}{4}$，边长和周长是方形纸的 $\frac{1}{2}$。

# 身边的正多边形

御茶水女子大学附属小学
**冈田纮子**老师撰写

阅读日期 ✐ 　月　日　｜　月　日　｜　月　日

## 正多边形是什么？

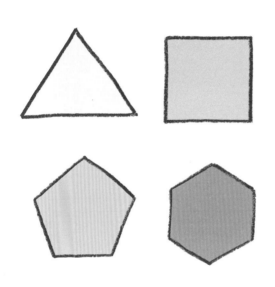

多边形，是指由 3 条或 3 条以上的线段首尾顺次连接所组成的平面图形。其中，有一种多边形特别美。它的各边相等，各角也相等，叫作正多边形。在日常生活中，我们可以经常见到漂亮的正多边形。一起来找一找吧。

### 身边的正多边形

首先，在大自然中找寻一番。蜂巢里的蜂房、蜻蜓和苍蝇的眼睛、乌龟的背甲都是正六边形。

然后，再来看一看生活中的正多边形。日本武道馆的屋顶，是正八边形的，据说是为了让各个方向的观众都尽可能地看清舞台。

足球门网多是由正六边形组成的，因为正六边形可以更好地吸收冲击力。说完足球门网，也说说足球，它是由正六边形和正五边形组成的。而我们常使用的铅笔，横截面是正六边形或正三角形的。

我们身边还有许多的正多边形，比如盘子、时钟等。快来找一找吧。

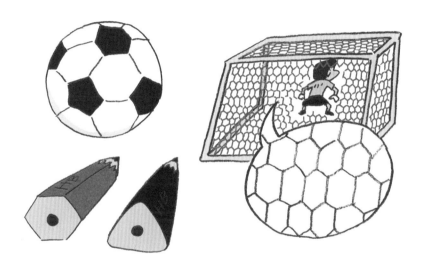

关于正多边形，还有更多更有趣的内容，详见 8 月 1 日。由全等的正多边形组成的立体图形，叫作正多面体。关于正多面体，详见 9 月 22 页。

计算中的数学

运算的窍门②——
乾坤挪移

6月
05日

东京都 杉并区立高井户第三小学
吉田映子老师撰写

阅读日期　月　日　　月　日　　月　日

## 一个小小的窍门

来算一算这道加法题。45 + 20

你一定会说："这也太简单了吧。答案是65。"

再来算一算这道题。45 + 38

涉及到进位运算，稍微得想一想了。

图1

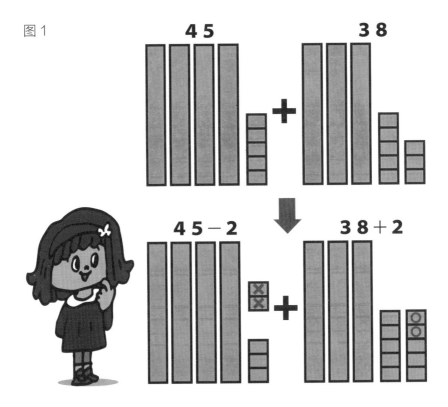

这时，使用一点儿小小的窍门，就可以让运算更加简便。如果加数是几十的形式，那就很简单了。而 38 加上 2 就是 40，所以先让加数 38 变身为 40。

45 + 40 = 85

算出答案之后，减去多加的 2，正确答案就出来啦。85 - 2 = 83

是不是一个很实用、很简单的小窍门呢？

## 小窍门的变形

之前在计算 45 + 38 时，先把 38 加上 2，以 40 来进行计算，最后减去 2。那么，我们可以让减去 2 的步骤，在最开始就同步进行吗？这当然是可以的（图 1）。

最后的和是相同的。（45 + 38 = 43 + 40）

它们的答案都是 83，所以中间用" = "连接起来。

在加法中，一个加数减去某数，另一个加数加上某数，和不变。利用这个乾坤挪移的方法你也来试一试 29 + 67 吧。

减法也有运算的小窍门吗？那是当然的。详见 7 月 4 日的"运算的窍门③——人有我有"。

# 你知道吗？日本古代的单位（长度）

东京都　丰岛区立高松小学

**细萱裕子**老师撰写

阅读日期　　月　日　｜　月　日　｜　月　日

## "尺八"名字的由来

你听说过"尺八"这个乐器吗？它是日本传统的木管乐器之一。据记载，尺八是作为演奏雅乐的乐器，在唐代从中国传入日本的。尺八，以管长 1 尺 8 寸（约 54 厘米）而得名，其音色苍凉辽阔，又能表现空灵、恬静的意境。

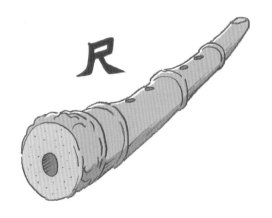

尺与寸，都是中国和日本古代使用的长度单位。日本的 1 尺约为 30.3 厘米，1 寸是 $\frac{1}{10}$ 尺，约为 3 厘米。也就是说，1 尺 ≈ 30 厘米，8 寸 ≈ 3×8 = 24 厘米，合计约 54 厘米就是尺八的长度。

## 大佛有多大？

你见过大佛吗？在日本，最古老的大佛是奈良飞鸟寺的飞鸟大佛，为铜造释迦如来坐像。

大佛，指的是巨大佛像。这个巨大，具体又是多大呢？虽然没有一个明确的规定，但人们通常把 1 丈 6 尺以上的巨大佛像称为

大佛，也作大像。1 丈 6 尺约为 4.85 米。佛像的姿态，有立像
（站姿之佛像）、坐像（坐姿之佛像）等，它们达到大佛的评判标准
也不同。一般来说，1 丈 6 尺（约 4.85 米）以上立像、8 尺（约 2.5
米）以上坐像，都叫作大佛。

飞鸟大佛为 8 尺以上坐像，因此称为大佛。在我们的身边，还有
许多地方留着古代单位的痕迹。

## 日本古代的长度单位！

从小到大，这些都是日本古代的长度单位。

$1 \text{分} = \frac{1}{10} \text{寸} \approx 0.303 \text{厘米}$

$1 \text{寸} = \frac{1}{10} \text{尺} \approx 3.03 \text{厘米}$

$1 \text{尺} = 10 \text{寸} \approx 30.3 \text{厘米}$

$1 \text{间} = 6 \text{尺} \approx 1.8 \text{米}$

$1 \text{丈} = 10 \text{尺} \approx 3 \text{米}$

$1 \text{町} = 360 \text{尺} \approx 110 \text{米}$

（见 24 页）

1 间 = 6 尺 = 约 1.8 米

这就是榻榻米长边的长度呀

迷你便签

日本的 1 尺 ≈ 30.3 厘米，是木匠使用的"曲尺"的长度。日本旧时
的布尺"鲸尺"，和服店还在使用，它的长度是 1 尺 ≈ 38 厘米。中国古
代的寸、尺、丈在不同朝代其长度各不相同。现代，1 尺约为 33.33 厘米。

# 包装着怎样的盒子？
## 折痕寻踪

神奈川县　川崎市立土桥小学
**山本直**老师撰写

阅读日期　　月　日　　月　日　　月　日

## 开始包装纸的折痕寻踪

在商店购物或者赠送礼物给亲朋好友的时候，常用纸来进行包装。更多的情况是，先把物品放入盒子，再用包装纸进行包装。店员们包装得又快又漂亮，自己上手的话，想要包得好看其实没有那么容易。

图1

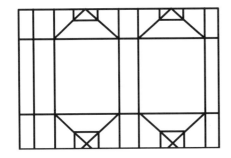

话说回来，如果将用过的包装纸展开，得到的当然是一张满是折痕的纸。如图1所示，这是一张用过的包装纸。今天，我们就要循着包装纸的折痕，发现其中隐藏的信息。

## 判断盒子的大小与形状

仔细观察，可以发现在盒子的6个面中，有4个面原封不动地展示在包装纸上（图2的黄色部分）。那么，剩下的两个面又藏在哪里呢？这两个面经过斜折，形状已经有了变化，它们其实藏在图3的红色部分。

用纸来包盒子，方法有很多。即使包同一个盒子，不同的方法留下的折痕也不同。还有一种常用的包装方法，是将盒子斜着放在包装纸上，这时又将留下怎样的折痕呢？

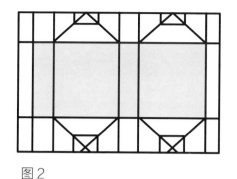

图2

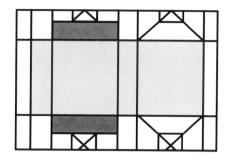

图3

## 打开一张包装纸

　　找到身边用纸包好的盒子或物品，打开看一看，留下了怎样的折痕。通过折痕寻踪，从线（边）、面的信息中，可以推断出盒子的大小与形状。最后，还可以根据折痕复原包装。

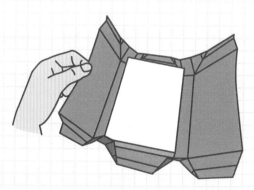

　　通过边、面、顶点、角等信息，可以判断出图形的特征。在包装纸的折痕里，隐藏着这些信息。

# 为什么叫 "商"

青森县 三户町立三户小学
**种市芳丈** 老师撰写

## 除法的结果是 "商"

加法的结果是 "和"，减法的结果是 "差"，乘法的结果是 "积"，除法的结果是 "商"。"和" 与 "差" 除了数学运算，在日常生活中也常被使用，意思理解起来并不难。而 "积" 本义为谷物堆积，引申出聚集、累积的含义，与乘法的结果也是不谋而合。不过，如果让我们从 "商" 联想到除法，似乎有些困难。为什么我们叫除法的结果为 "商" 呢?

中国古代的数学经典著作《九章算术》中，出现了"商功"这个词语。第5卷商功篇收集的问题大都来源于营造城垣、开凿沟渠、修造仓窖等实际工程，其中的运算就涉及除法。商的本义是指计算、估量，因此就将除法的结果称为"商"。

## 江户时代也有根源

在江户时代，人们使用算筹（一种竹制的计算器具）和算盘进行运算。后来，在算盘上引申出现了"商"这个字，慢慢地它就运用在了除法的结果当中。

将除法的结果称作"商"，还有各种各样的说法。我们使用着的，是带有历史温度的数学名词。你知，或者不知，它就在那里，不悲不喜。

"加减乘除"是基本的四则运算，在没有括号的情况下，运算顺序为先乘除，后加减。关于"商"的由来，还有一种说法是源自古代铜壶滴漏漏箭上的刻度（每一刻度的长度叫作商）。

使用 4 个正三角形，就可以做出一个立体图形。当正三角形增加到 8 个、20 个时，更为复杂的立体图形就在我们手中诞生了。

**准备材料**

▶折纸用纸
▶剪刀
▶透明胶带

## ● 做一个正四面体

首先，准备 4 个大小相同的正三角形。

正三角形的做法，可参见 4 月 9 日。

如图所示，将正三角形用透明胶带粘贴起来……

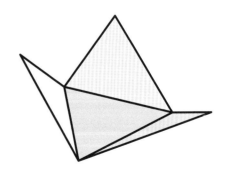

这样就做好了。由4个正三角形组成的立体图形，叫作正四面体。

在4个正三角形上写上数字1-4，这个正四面体还可以当作骰子。

## ● 将正四面体展开……

然后，用剪刀小心剪开正四面体，会呈现什么形状呢？

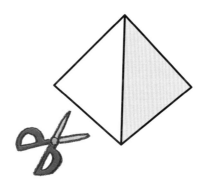

如下图所示，展开后的形状会是其中的一种。也就是说，正四面体有2种展开图。

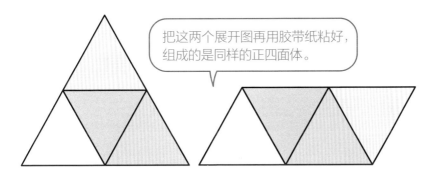

把这两个展开图再用胶带纸粘好，组成的是同样的正四面体。

# ● 做一个正八面体

做完正四面体，难度升级，再来挑战一下正八面体吧。正八面体是由 8 个正三角形组成的立体图形。首先，准备 8 个大小相同的正三角形。

如下图所示，每 4 个正三角形用透明胶带粘好，一共做 2 组。

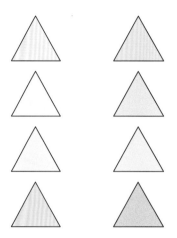

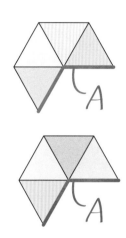

每组都沿着 A 线段粘好，形成一个没有底的四棱锥。

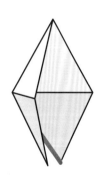
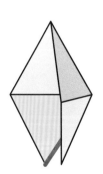

将两个立体图形粘在一起……

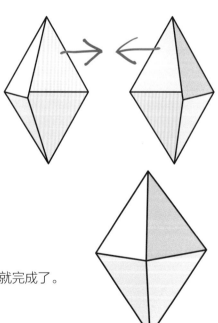

正八面体就完成了。

**26**

## ● 正八面体的展开图是什么？

使用相同的方法，将正八面体剪开。看一看它的展开图
会是怎样的形状。

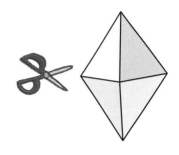

如下图所示，猜一猜展开后的形状是哪种？答
案是，全选。其实除此之外，正八面体的展开
图还有 7 种。

正八面体有 11 种展开图呢。

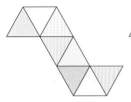   

**浅一浅**

由 20 个正三角形组成的立体图形，叫作正二十面体。
它的展开图如下所示。使用这个展开图，来做一个正二十
面体吧。

展开图

完成

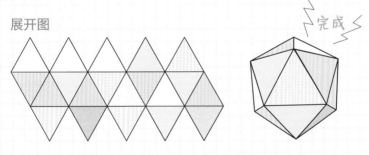

**迷你便签**

正三角形可以做出正四面体、正八面体、正二十面体。同理可知，
正方形可以做出正六面体（正方体），正五边形可以做出正十二面体。

# 时钟是怎样诞生的

月 **10** 日

岛根县　饭南町立志志小学

**村上幸人** 老师撰写

阅读日期　　月　日　　月　日　　月　日

## 古人的智慧日晷

"现在几点了？"当我们听到这样的话，如果带着手表，或是身边有钟表，就可以马上回答。在现代社会，即使没有时钟，人们也可以通过电视和手机，来获取时间。那么，在时钟还未登上历史舞台的时候，人们是如何得知时间的呢？

日晷

太阳的运动，给予人们最初的时间概念。一日之长，就是指太阳在白天升到最高点的时候（正午）到第二天的正午。因为人们不能直视耀眼的太阳，所以便利用太阳的投影，制作出了日晷。

不过在阴天和雨天，没有了太阳的影子，日晷也就失去了作用。对于时间的探索，人类前进的脚步从未停止。

## 各种各样的时钟

一寸光阴一寸金，寸金难买寸光阴。时间以它不变的步伐流逝，而人们也始终想做出一个能精确报时的装置。在过去的年岁中，人们总用物质的匀速流动来计时，比如滴水计时的滴漏、使用细沙的沙漏，还有利用蜡烛和油灯的燃烧量来计算时间的方法。

滴漏

1582年，意大利物理学家、天文学家伽利略发现挂着的物体每次摆动的时间都相等，人们根据他的发现制成了摆钟。

摆钟不会是终点，发明还在继续。1969年，钟表王国瑞士研制出第一只石英电子钟表。石英钟表以电池作为能量源，由石英晶体提供稳定的脉冲波，通过电动机推动表针运行，每月时间误差被改进到只有几秒钟。

固定的摆动周期

摆钟

迷你便签

电波钟表是继石英电子钟表之后的新一代的高科技产品，它通过接受国家授时中心的无线信号以确保时间准确性。日本的天智天皇（第38代天皇）于671年6月10日首次设置了滴水计时的滴漏并敲钟，这一天被定为日本的"时间纪念日"。

# 如果时钟的指针一样长

御茶水女子大学附属小学
**久下谷明** 老师撰写

## 如果有这样的钟表

图1

今天，我们继续来谈谈钟表。问题马上来了！图1的时钟是几点？

时针指向 7 和 8 之间，分针指向 6，也就是 30 分的地方，因此时钟表示的是 7 点 30 分。分别读取钟表时针和分针的信息后，就可以知道此时的时间。我们知道，时针短，分针长。如果时针和分针变得一样长，你认为自己还能从钟表上读出时间吗？

假设同样长度的时针和分针，指向了 9 和 12。请想一想，此时的时间是几点（图 2）？

怎么样，明白了吗？ 依次思考就能确定时间！再来看看图 2。

①设指向 12 的是时针，那么，指向 9 的就是分针，莫非时间是 12 点 45 分？

不对，在 12 点 45 分时，时针应该指向 12 和 1 之间。看上去怪怪的。

②假设指向9的是时针，那么，正好是9点。

通过假设分析，我们可以知道图2的时间是9点。因此，就算时针和分针等长，我们还是可以通过判断知道正确的时间。

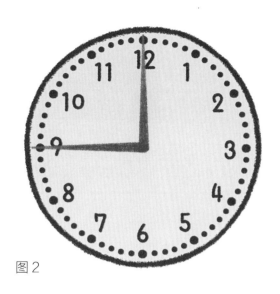

图2

再来练习一下吧，图3的时钟表示的是几点？答案请见迷你便签。

明白了吗?

图3

迷你便签

图3显示的时间是4点。你也来出出题，考一考小伙伴和家人吧。

# 重量单位"千克"的诞生

岩手县　久慈市教育委员会
**小森笃**老师撰写

| 阅读日期 | 月 日 | 月 日 | 月 日 |
| --- | --- | --- | --- |

## 古人以石头或谷物为重量基准

重量单位与我们的生活息息相关。对于古人来说，头等大事之一，就是以某个单位来表示农作物的量。于是在英国，就诞生了等于1粒大麦重量的单位"格令"。从格令，又产生了另一个重量单位"磅"。追寻磅蛋糕的词源，也是因为材料正好是1磅糖、1磅面粉、1磅鸡蛋、1磅黄油。

而在日本，传统的重量单位有"贯"。从"贯"，又产生了"斤""两""匁"等重量单位（见6月26日）。现代切片面包的包装上还会使用"斤"。此外，"贯""两""匁"也是江户时代的货币单位。

这些都是江户时代的砝码

图1

在标准度量发明之前，古人常以石头或谷物作为重量基准，直到金属砝码的诞生，才终于和不统一的基准告别了。

## 采用米制单位之后 ……

随着时代的发展，国与国之间的贸易越来越兴盛。因为各国长度、重量单位的不同，也给贸易造成了一些不便。

18 世纪末，法国开始正式使用米制，并向世界各国推广。随着米制的确定，体积单位、重量单位也相应诞生。其中，重量单位叫作"千克"（图 2）。

1889 年，第 1 届国际计量大会确定了"1 标准米"的"国际米原器"和"1 标准千克"的"国际千克原器"。作为国际长度、重量基准，它们被分发到各个国家。由此，单位统一的步伐越来越快了。

伴随着科技的进步，"1 标准千克"也越来越精确。

图 2

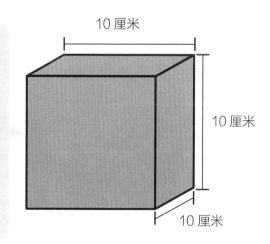

①通过确定 1 米，可得 10 厘米。
②在棱长为 10 厘米的正方体中注满水。体积为 1 升。
③体积 1 升的水的重量，就是 1 千克。

迷你便签

1891 年，日本颁布《度量衡法》，采用尺贯法与公制并行的策略。即，承认公制的合法性，但仍以传统的尺贯制为度量衡单位，并与公制度量衡对应。规定 1 尺为 3.03 米，1 贯为 3.75 千克。

# 发现符号的规律

神奈川县　川崎市立土桥小学
**山本直**老师撰

阅读日期　月　日　｜　月　日　｜　月　日

## 进行怎样的运算？

在进行运算时，我们对数学符号可一点儿也不陌生。加法遇见"＋"，减法瞧见"－"，乘法碰到"×"，除法看到"÷"。那么，你能猜出图 1 中的符号☆，表示的是什么运算吗？为什么这个数学符号没见过呢？哎呀，因为它是作者我的自创呀，我规定"☆表示进行某种运算"。虽然陌生，但也有某种规律，静下心来找一找吧。

图 1　　　图 2

$$2 ☆ 2 = 6$$
$$2 ☆ 3 = 7$$
$$3 ☆ 3 = 9$$
$$7 ☆ 5 = 19$$
$$8 ☆ 5 = 21$$
$$9 ☆ 5 = 23$$

$$2 ♡ 1 = 2$$
$$3 ♡ 1 = 4$$
$$10 ♡ 1 = 18$$
$$2 ♡ 2 = 0$$
$$3 ♡ 2 = 2$$
$$10 ♡ 2 = 16$$

## 发现怎样的规律？

首先寻找具有相同数字的算式。比如，2 ☆ 3 = 7，3 ☆ 3 = 9，可知当☆左侧的数增加 1，结果就增加 2；7 ☆ 5 = 19，8 ☆ 5 =

21，也是当 ☆ 左侧的数增加 1，结果就增加 2。再来找一对算式。比如，2 ☆ 2 = 6，2 ☆ 3 = 7，可知当 ☆ 右侧的数增加 1，结果就增加 1。

为什么会这样呢？通过比较算式当中的 3 个数字，可以发现某种规律。试着将答案减去 ☆ 右侧的数，看看会发生什么。比如，2 ☆ 3 = 7 减去 3，就是 4；7 ☆ 5 = 19 减去 5，就是 14；9 ☆ 5 = 23 减去 5，就是 18。它们正好都是 ☆ 左侧数字的 2 倍。揭晓答案，☆ 表示的就是"左侧数 ×2 ＋右侧数"的运算。

再来挑战一下图 2 的 ♡ 运算。试着将 ♡ 左侧的数减去右侧的数，看看会发生什么。

它们正好都是结果的 $\frac{1}{2}$ 倍。

☆ 和 ♡ 都是作者一拍脑门的产物。你也可以天马行空一下，创造出属于你的符号。

## 创造自己的符号规律

决定自己喜欢的符号形状，确定属于自己的运算规律。然后列出一些算式，考验考验小伙伴和家人。你也可以把它看成是一个猜谜游戏，和小伙伴互相出题。如果出的题目很难，记得适时给一点提示哟。

迷你便签

加减乘除是基本的四则运算，"+""−""×""÷"都是数学运算符号。

# 用计数棒组成的角

青森县　三户町立三户小学
种市芳丈老师撰写

阅读日期　　月　日　　月　日　　月　日

## 组成 60 度和 30 度的角

图1

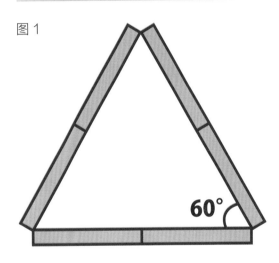

图2

没有量角器，只用计数棒也能组成许多的角。

首先，摆一摆 60 度的角吧。如图 1 所示，摆好计数棒。

为什么这个形状就可以组成 60 度的角呢？因为正三角形的三个内角相等，均为 60 度。

然后，再摆一摆 30 度的角吧。如图 2 所示，保持右下的 60 度角不动，仅移动左侧计数棒，使它与下方的计数棒垂直。

为什么这个形状就可以组成 30 度的角呢？因为顶端的角正好是正三角形内角的一半。

## 组成 75 度的角

最后，再来挑战一下 75 度的角。如图 3 所示，保持图 2 组成的 30 度角不动，慢慢移动底边的计数棒，摆成一个等腰三角形。

为什么这个形状就可以组成 75 度的角呢？因为等腰三角形的两个底角度数相等，180 - 30 = 150，150÷2 = 75，底角就是 75 度。

图 3

今天，我们用计数棒摆出角度。过去，古埃及人用绳子拉出角度。掌握这项技术的人，被称为拉绳定界师（见 4 月 13 日）。

# 杠杆平衡，举起重物

熊本县　熊本市立池上小学

**藤本邦昭**老师撰写

## 举起 100 千克的重物

体重 20 千克的小学生可以举起 100 千克的大砝码吗？（图1）

图1

举起这个大家伙是很有难度的。

不过，如果使用一个像跷跷板的装置，即杠杆和支点，小学生也可以举起 100 千克的砝码。

## 什么时候杠杆平衡？

如图 2 所示，在支点上方有一块长长的木板。在离支点 1 米的地方，放着 100 千克的砝码。在支点另一端，坐着 20 千克的小学生，他离支点的距离是 5 米。这时候，正好实现平衡。也就是说，坐着的小学生以某种力量，成功举起了 100 千克的砝码。这个简单机械就是杠杆。

当砝码变为 80 千克，还要实现平衡的话，小学生离支点的距离随之改为 4 米。60 千克的时候，小学生离支点的距离则应是 3 米

（图３）。想一想，其中蕴含着怎样的规律呀？答案请见"迷你便签"。

图２

20千克

100千克

1米　　5米

图３

20千克

100千克

1米　5米

20千克

80千克

1米　4米

20千克

60千克

1米　3米

迷你便签

杠杆的平衡条件是，支点左右两端的重量 × 距离数值相等，即动力 × 动力臂＝阻力 × 阻力臂。100（千克）×1（米）＝ 20（千克）×5（米），所以杠杆平衡。同理图 80×1 = 20×4，60×1 = 20×3，可知杠杆平衡。

# 西方小数诞生的原因

**6月 16日**

岛根县　饭南町立志志小学
**村上幸人** 老师撰

阅读日期　月　日　　月　日　　月　日

## 分数和小数的思考方式

为什么会诞生小数呢？

古时候，中国和日本都是习惯于以小数来思考的国家。而在西方，人们习惯以分数来思考。这种差异融化在生活中。比如，在形容两者差不多的时候，日本人写作"五分五分（在小数点出现以前，以分、厘、毫等单位表示小数）"，而英语则是"half and half（half 就是一半，即 $\frac{1}{2}$ ）"。

图1

古埃及人将"1 除以 2"理解成"一个物品分给 2 个人"。因此，在他们的思考中，1 个人可以拿 $\frac{1}{2}$ 个，而不是 0.5 个。分数是先从古希腊传到古埃及，又从古埃及推广到欧洲。

## 借钱的利息变成了契机

距今约 400 年前，一个曾在军队中任职会计的荷兰人西蒙·斯蒂文（图 1），正为计算借贷利息而焦头烂额。

**40**

比如，借款 2479 元，年息定为 $\frac{2}{11}$，那么一年利息就等于 $\frac{4958}{11}$。随着借款金额的增大，借款时间 2 年、3 年地增长，分子和分母也越来越大。这下子，计算可就难了。

但是如果分母不是 11 或 12，而是 10、100、1000 这样整齐的数，就可以像图 2 那样表示。比如，用斯蒂文的方式来表示 3.659 的话，写作"36①5②9③"。这就是西方小数的起源。

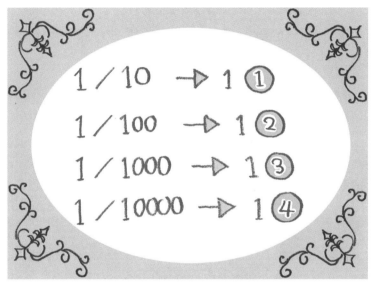

图 2

此后，许多数学家继续钻研小数。他们发现，如果整数与小数之间有了区分方式，也就不需要①②③等符号了，于是便诞生了小数点符号。此外，各个国家的小数点也稍有差别。比如 3.14，有的国家写作 3·14 或 3,14。

# 算吧！答案绝对是 495

东京学艺大学附属小学
**高桥丈夫** 老师撰写

阅读日期 月 日 | 月 日 | 月 日

## 神奇的三位数计算

今天我们将来演示一番神奇的三位数计算——答案都是 495 哟。

首先，请想出一个三位数，当然不能是 3 个数字都相同的三位数（如 111 或 222）。

有两个数字相同的三位数是可以的。假设我们选择了 355 这个数。

然后，将这个三位数各数位上的数转换位置，让最大的数减去最小的数，并重复进行计算。

一旦得到数字 495，便停止计算。即使继续计算，答案也绝对还是 495。耳听为虚，计算为实。将 355 各数位上的数转换位置，最大的是 553，最小的是 355，553 - 355 = 198。198 各数位上的数转换位置，最大的是 981，最小的是 189，981 - 189 = 792。

792 各数位上的数转换位置，最大的是 972，最小的是 279，972 - 279 = 693。693 各数位上的数转换位置，最大的是 963，最小的是 369，963 - 369 = 594。594 各数位上的数转换位置，最大的是 954，最小的是 459，954 - 459 = 495。

495 各数位上的数再继续转换位置，最大的是 954，最小的是

459，954 − 459 = 495，差不变。计算到此为止。只有算一算，才能体验到其中的神奇，快和朋友用各种数字来试一试吧。

好神奇！

　　在数字的加减运算中，如果觉得发现了什么隐藏的规律，可以用不同的数来验证一番。

# 一共有几个正三角形

福冈县　田川郡川崎町立川崎小学

高濑大辅 老师撰写

阅读日期　　月　日　　月　日　　月　日

## 找出隐藏的正三角形

图1

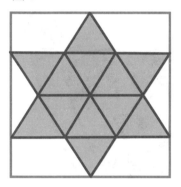

请描出图1中，你看到的所有正三角形。在这个图上，有许多大小不一的三角形。可以猜到，有的人专注描小三角形，有的人则先描了大三角形。那么，图中究竟藏了多少个正三角形呢？

数的方法很多，其中一种是按照三角形的大小，依次数数。

首先，从最小的正三角形开始数。可别忘了数"倒立"的正三角形哟。如图2- 图4所示，12 + 6 + 2 = 20。

图2

最小的正三角形

一共12个，

按顺序来数挺简单的。

图3　　中等的正三角形

一共6个，

数起来有点儿难了。
用线圈出来，就不会数错了。

44

图4    最大的正三角形

一共2个，

用线圈出来，还是挺容易数的。

一共藏着 20 个正三角形。

找一找

## 这幅图里又有几个？

如右图所示，又藏着多少个正三角形呢？在这幅图里，一共有4种正三角形。把它们都找出来，小心不要数漏了。

迷你便签    用同一种方法，还可以数出藏在图里的四边形。

# 一定存在相同的人

御茶水女子大学附属小学
**冈田纮子** 老师撰写

## 自然的，也是重要的

在 13 位小朋友中，存在生日月份相同的人吗？答案是："他们之中，至少有两个人的生日月份相同。"因为一年有 12 个月，当 13 位小朋友聚在一起时，肯定有人的生日月份相同。有人可能会觉得，这不是很自然的推断嘛，没什么大不了的。其实，这种思考属于鸽巢原理（也称为抽屉原理），它可是组合数学中一个重要的原理哟。

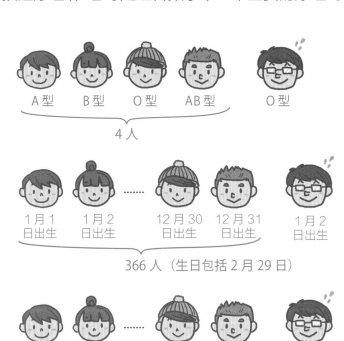

A 型　B 型　O 型　AB 型　　O 型

4 人

1 月 1　1 月 2　　　12 月 30　12 月 31　　1 月 2
日出生　日出生　　　日出生　日出生　　日出生

366 人（生日包括 2 月 29 日）

北海道　青森县　　鹿儿岛县　冲绳县　　鹿儿岛县

47 人

## 用起来，鸽巢原理

在生活中，有许多适用于鸽巢原理的事情。

① 5 人及以上，其中一定存在具有相同血型的人。

② 367 人及以上，其中一定存在相同生日的人。

③ 48 人及以上，其中一定存在来自同一都道府县的人（日本一共有 47 个都道府县）。

在鸽巢原理中，只要"鸽子"比"鸟巢"多，就会出现多只"鸽子"占领一个"鸟巢"的现象。

因为鸽子比鸟巢多，所以至少有一个鸟巢里有 2 只鸽子！

因为鸽子比鸟巢多，所以至少有一个鸟巢里有 2 只鸽子！

迷你便签　　如果你的学校一共有学生 367 人以上（生日包括 2 月 29 日），至少有 2 位小朋友在同一天过生日。

# 数字卡片游戏——减法篇

御茶水女子大学附属小学
**久下谷明**老师撰写

阅读日期　　月　日　　月　日　　月　日

## 玩一玩数字卡片

图1

图2

图3

在 5 月 28 日，大家一起玩了《数字卡片游戏——加法篇》。是不是还意犹未尽呢？今天我们就接着玩一玩减法的卡片游戏。

现在有 1-4 的数字卡片各 1 张（图1），用这 4 张卡片动手玩起来吧。

【问题 1】

把 4 张卡片分别放入 4 个格子中，这是一道两位数减两位数的运算。怎样放置卡片，才能取得最大的差呢（图2）？

【问题 2】

同理，怎样放置卡片，才能取得最小的差呢（图3）？

和加法篇同样，大家也可以准备 4 张卡片，移一移，动一动，答案自然就出来啦。

## 解一解数字游戏

怎么样，有眉目了吗? 这就开始对答案了。

先看问题 1，当数字卡片如图 4 所示摆放时，差最大。

想要求得最大的差，就是让"尽可能大的数"减去"尽可能小的数"。

再来看问题 2，当数字卡片如图 5 所示摆放时，差最小。想到退位减法是破解游戏的关键。

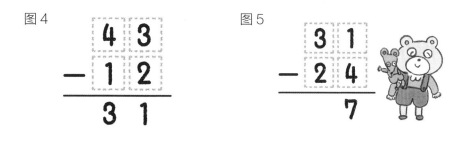

图 4

图 5

### 如果用三位数减三位数?

在思考了两位数减两位数的问题之后，数字游戏还可以进行多重变身。与加法篇相同，请使用 1-6 的数字卡片，解一解三位数减三位数的数字游戏: 怎样放置卡片，才能取得最大或最小的差?

迷你便签 继续想一想，四位数、五位数时，卡片又该怎么摆。

北海道教育大学附属札幌小学
**泷泷平悠史**老师撰写

## 相似的国旗

你知道图 1 的画是什么吗？

从上到下，分别是荷兰、保加利亚、匈牙利、马达加斯加的国旗。

其中，保加利亚和匈牙利的国旗只是在颜色顺序上有所不同。世界上，像这样貌似"兄弟"的国旗，还有许多。

现在，根据图 2 的模板，让我们做一面属于自己的旗帜吧。样子和马达加斯加的国旗很像哟，不过颜色请使用红、蓝、黄三色。颜色的使用顺序自己来决定。

假设①涂蓝色、②涂黄色、③涂红色，可以得到图 3 上方的旗帜。

再换个地方上色，就可以做出各种旗帜。那么，一共可以涂出多少面旗帜呢？

## 能涂出几面旗帜？

首先，从①涂蓝色的状况开始考虑，分别有②涂黄色、③涂红色，②涂红色、③涂黄色这两种情况。也就是说，①涂蓝色时将产生 2 面旗帜（图 3）。同样，如图 4 所示，当①涂黄色或红色时，分别会产生 2 面旗帜。因此，一共可以涂出 6 面旗帜（图 5）。

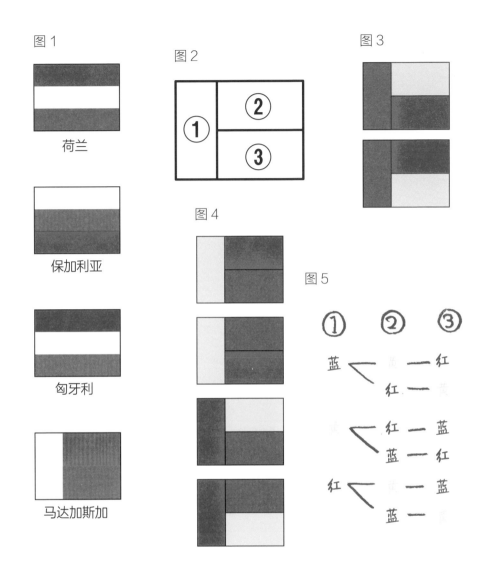

图 1

荷兰

保加利亚

匈牙利

马达加斯加

图 2

① ② ③

图 3

图 4

图 5

① ② ③

蓝 〈 蓝 — 红
       红 — 蓝

     红 — 蓝
     蓝 — 红

红 〈 蓝 — 蓝
       蓝 — 红

迷你
便签

图 5 这样表示涂色的方法叫作树形图，看上去就像树枝延伸一样。利用树形图，可以避免遗漏和重复。

# 堆积数字的加法

东京都　杉并区立高井户第三小学

**吉田映子**老师撰写

阅读日期　　月　日　　月　日　　月　日

## 发现了！不可思议的计算

1 + 2 等于几？答案是 3。继续来，4 + 5 + 6 等于几？答案是 15。

先不急着写出 4 + 5 + 6 = 15，此时的和正好也是 7 + 8 的答案。用等号把结果相同的算式连起来（图 1 中①②）。

你发现了吗？左边算式的数字从 2 个增加到 3 个，右边算式从 1 个增加到 2 个，像个台阶似的。

数字继续排列堆积，就成了图 1 中③的样子。左右算式的答案相同吗？请计算验证一下（图 2）。

它们的和相同。

图 1

① 1 + 2 = 3

② 4 + 5 + 6 = 7 + 8

③ 9 + 10 + 11 + 12 = 13 + 14 + 15

④ 16 + 17 + 18 + 19 + 20 = 21 + 22 + 23 + 24

# 持续着！数字堆积成山

数字继续排列堆积，就成了图1中④的样子。左右算式的答案相同吗？计算验证一下看看，它们的和也相同。

完成了4层阶梯，看来都符合某种规律。如果再继续制造阶梯，到了第10层，会是怎样的情形？我们先来观察一下，左边算式的第一个数。

1、4、9、16……这些数都是两个相同数相乘的积。比如，1×1 = 1，2×2 = 4，3×3 = 9。因此，第10层左边算式的第一个数字就是10×10 = 100。

第一个数字是100，左边算式有11个数字，右边算式有10个数字。大家还是可以验证一下左右算式的答案是否相同。

图2

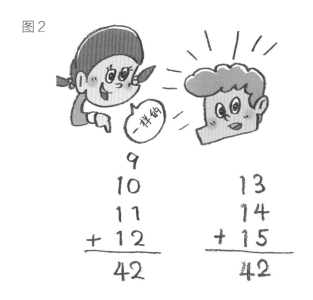

2×2 = 4，3×3 = 9，像这样两个相同的数相乘，叫作这个数的平方。可以写成某个整数平方的数，叫作平方数。

# 使用"枡"来测量

大分县大分市立大在西小学
**二宫孝明**老师撰写

阅读日期　　月　日　｜　月　日　｜　月　日

## 日本古代的计量器具

图1

枡

在日本古代，人们使用传统的容量器具枡来测量酒和油。枡，是一个木制的小盒子，从上往下，可以看到一个正方形（图1）。

现在，我们的面前是一个装满水的大水槽。手边，则是一个容量为6分升的枡。使用这个枡，将水槽里的水向其他容器里移动。那么，这个枡里可以装多少分升的水呢？

最简单的，当然就是枡装满时的6分升了。其他的量又该怎么装？

## 使用枡的诀窍

如图2所示，将装满水的枡缓慢倾斜到这个位置。这时，枡里的水只剩了6分升的一半，即3分升。继续将枡倾斜到图3所示的位置。这时，枡里的水只剩下1分升。如果需要2分升，那么第2次倒出来的水，正好就是这个量。

那么，用枡怎么量出4分升和5分升的水？首先，将枡装满水。

然后，把水倒到剩下 1 分升。可知这时候倒出来的水就是 5 分升。

再一次将枡装满水。首先，把水倒到剩下 3 分升，倒出来的水装入另一容器。

然后，把水倒到剩下 1 分升，也装入另一容器。3 分升加 1 分升就等于 4 分升。

图2

图3

当枡里的水剩下 3 分升时，水的形状是三棱柱。当枡里的水剩下 1 分升时，水的形状是三棱锥。三棱锥的体积是等底等高三棱柱体积的 $\frac{1}{3}$。

測量中的
数学

# 哪一条是最长的路线

学习院小学部
**大泽隆之** 老师撰写

阅读日期 ✐ 月 日 | 月 日 | 月 日

## 当一天路线规划员

　　一辆公交车从新叶电车站开往樱花市政府。最短的路线，应该就是最快的吧。如图 1 所示，5 个 "→" 所组成的路线，就是最短的路线。当然，最短路线不止一条。

　　这样的路线虽然很有效率，但不够方便。为了尽可能方便到更多

图 1

的居民，公交车的路线通常是比较迂回的。接下来，请规划一条最长的公交路线吧。最长的路线，需要几个"→"组成呢（图2）？

规划路线时，可以经过同一个十字路口，但不能重复同一条路。（答案是 13 个箭头，你找到这条路线了吗？）

图2

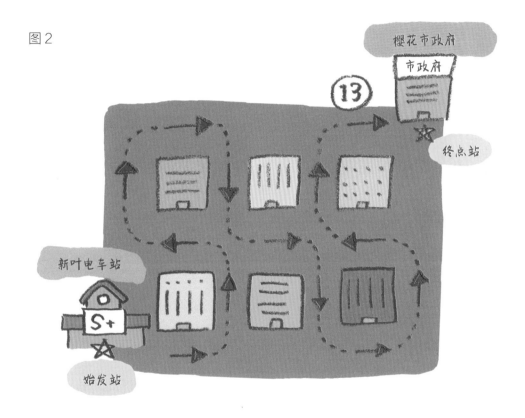

你注意到了吗，当线路从短到长时，箭头的个数从 5 个增加到 7 个、9 个、11 个、13 个……每次增加 2 个。你认为这是为什么呢？因为要到终点站，横 3 个、竖 2 个是基础。如果要绕远路，一去一回，必定是以 2 个箭头为一组进行增加的。

迷你便签

御茶水女子大学附属小学
**冈田纮子**老师撰写

## 当候选人只有 2 人时？

当当当当，大事情，大事情，动物村要举行村长选举了。目前，动物村的常住动物有 200 人，每人可以投 1 票。首先，来选村长，候选人分别是熊先生和狐狸先生。问题来了，熊先生如果想当选，需要得到多少票呢？

图 1

打个比方，如果熊先生获得了 195 票，他自然是当选村长了。不过，票数再少一点点，当选的结果也不会变。那么，至少得到多少票就可以当选了？当熊先生获得 100 票时，狐狸先生也获得 100 票，双方同票。因此，只要比 100 票多上 1 票，获得 101 票就能当选（图 1）。

## 当候选人是 2 人以上时

村长选好了，接着还要选出 3 名动物村的干部。候选人有 5 人，分别是兔先生、鸭先生、熊猫女士、猫先生、松鼠女士。问题来了，兔先生如果想当选，只要在 200 票中得到多少票就行了（图 2）？

因为村干部有 3 人，所以兔先生如果想当选，只要进入前 3 名即可。也就是说，需要胜过第 4 名候选人。怎么样才能比第 4 名候选人多 1 票？ 200÷4 = 50， 50 + 1 = 51。

图 2

因此，兔先生只要得到 51 票以上就可以当选村干部（图 3）。

不管有多少村干部候选人，只要比第 4 名的票数多就可以当选，也就是说拿到 51 票就肯定可以当选村干部了。

图3

第1名　　第2名　　第3名　　第4名　　第5名

×　　50 票　　50 票　　50 票　　50 票　　0 票

获得 51 票就可以当选！

迷你便签

有一种方法，可以不用数投票，就能预测出谁能当选。"出口民意调查"，是在投票站出口处对刚刚走出投票站的选民进行的一项调查，通过直接询问选民投票给谁来预估选举结果。

测量中的数学

你知道吗？日本
古代的单位（重量）

6月
26日

东京都　丰岛区立高松小学
细萱裕子老师撰写

阅读日期　月 日 ｜ 月 日 ｜ 月 日

## 古时候的花论重量卖

"赢了就开心 花一匁♪"

"输了不甘心 花一匁♪"

"花一匁"是日本传统的民间儿童游戏。两组人一边唱着歌，一边玩石头剪子布，赢的队伍可以向对方队伍要一个人。这个游戏既不需要道具，也不需要很大的场地，更不占用许多时间。

游戏"花一匁"中的"匁"，是日本汉字，也是日本古代的重量单位。1 匁 = 3.75 克。因此，花一匁指的是花的重量是 3.75 克，看来古时候的花是论重量卖的。

## 5 日元硬币重 1 匁

虽然现在，匁已经退出历史舞台，但在日本人的身边，还有重量是 1 匁的东西存在，这就是 5 日元硬币。1 枚 5 日元硬币的重量是 3.75 克，正好就是 1 匁。据说，古时会把重量单位作为货币的单位。

如果存钱罐里只有 5 日元硬币，就可以根据总重量，轻松计算出硬币的数量。

假设，存钱罐里的硬币一共是 300 克，300 ÷ 3.75 = 80。因此可知，一共有 80 枚 5 日元硬币。(记得要去掉存钱罐的重量哟!)

### 这些也是重量单位!

日本古时候的重量单位还有许多，来看看吧。

1 匁 = 3.75 克

1 两 = 10 匁 = 37.5 克

1 斤 = 160 匁 = 600 克

1 贯 = 1000 匁 = 3.75 千克

在古代日本，人们常把 1000 枚重量为 1 匁的方孔硬币穿在一起，作为 1 贯重量的"砝码"。现在的 5 日元硬币正中有个小孔，可能也是受此影响吧。在中国，两和斤是依旧活跃的传统重量单位，1 两 = 50 克，1 斤 = 500 克。

# 牛顿站在巨人开普勒的肩膀上

**牛顿**站在巨人
**开普勒**的肩膀上

明星大学客座教授
**细水保宏**老师撰写

## 支持"日心说"吧

你知道开普勒望远镜吗？这种望远镜的物镜和目镜都是凸透镜。现在，几乎所有的折射式天文望远镜的光学系统均为开普勒式。

设计出开普勒望远镜的，是德国杰出的天文学家、物理学家、数学家约翰尼斯·开普勒（1571-1630 年）。

在开普勒生活的年代，人们对宇宙的认识与现在大不相同。人们认为，地球是宇宙的中心，是静止不动的，而其他的星球都环绕着地球运转。16 世纪中叶，波兰的哥白尼提出了"日心说"，他认为太阳是宇宙的中心，地球和其他星球都环绕着太阳转。

开普勒很快就相信了这一学说，他还给意大利的年轻科学家伽利略·伽利雷写信，希望他也来支持"日心说"。但是，开普勒对于哥白尼的支持，遭受到当时很多科学家的嘲笑。伽利略在十几年后，才认可了"日心说"。

## 牛顿论证了定律

之后，开普勒前往布拉格（今捷克首都），担任神圣罗马帝国的皇室数学家。在此期间，他获得了大量天体观测的精确数据，这也为开普勒的行星运动研究打下了基础。

你是谁啊？

每个行星都在一个椭圆形的轨道上绕太阳运转，而不是圆形；行星离太阳越近则运动就越快，越远就越慢；行星距离太阳越远，它的运转周期越长。关于行星运动的三大定律，被称为"开普勒定律"。

艾萨克·牛顿通过计算行星轨道，成功论证了开普勒定律。在开普勒定律以及其他人的研究成果上，牛顿用数学方法导出了著名的"万有引力定律"。当有人询问，为什么会有这样伟大的发现时，牛顿是这么回答的："如果说我比别人看得远些的话，是因为我站在巨人的肩膀上。"哥白尼、伽利略、开普勒等人，无疑就是他所指的巨人。正因为科学家们前赴后继的伟大发现，才有了万有引力的伟大发现。

迷你便签

据说，开普勒写了世界上第一部科幻小说《梦》。小说讲述了一位少年天文爱好者的月球之旅，其中涉及许多当时尖端的科学知识。

御茶水女子大学　附属小学

**久下谷明** 老师撰写

阅读日期　　月　日　｜　月　日　｜　月　日

## 毕达哥拉斯的名言

今天，我们来谈一谈数。大家知道古希腊数学家、哲学家毕达哥拉斯吗？他本人以发现勾股定理（西方称毕达哥拉斯定理，初中的学习内容）著称于世。

图1

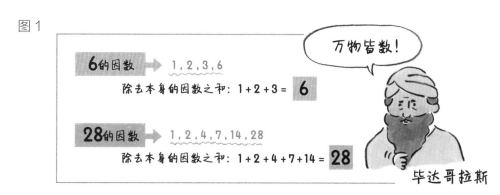

毕达哥拉斯认为"万物皆数""数是万物的本质"，是"存在由之构成的原则"，而整个宇宙是数及其关系的和谐的体系。因此，毕达哥拉斯学派（毕达哥拉斯及其信徒组成的学派）也是最早把数的概念提升到突出地位的学派。该学派发现了6、28等完全数（也称完美数）。那么，这些数又完全在哪里呢？

## 完全数全在哪里？

如果整数 a 能被整数 b 整除，那么我们称整数 b 是整数 a 的因数。

而 6 和 28 身上，可以发现这样神奇的规律：除了自身以外的因数之和，恰好等于它本身（图 1）。毕达哥拉斯学派将具有这种特征的数，称为完全数。

在 6 和 28 之后的完全数是 496、8128 等。在无穷无尽的自然数里，人们还将继续寻找完全数。

图2

220的因数 ➡ 1,2,4,5,10,11,20,22,44,55,110,220
除去本身的因数之和：1+2+4+5+10+11+20+22+44+55+110 = 284

284的因数 ➡ 1,2,4,71,142,284
除去本身的因数之和：1+2+4+71+142 = 220

## 数字之间也存在友情？

自己不是完全数，却可以互相做对方的完全数……在数字之中，还有这样的一对数字好朋友，它们有一个好听的名字，叫作亲密数。最小的一对亲密数是 220 和 284，这也是毕达哥拉斯时代的产物。

奇怪的是，截至 2013 年发现的 48 个完全数都是偶数，会不会有奇数完全数存在呢？至今无人能回答这个问题，完全数身上还有许多未解之谜。

**65**

# 关于**小方块**的二三事

北海道教育大学附属札幌小学

**泷泷平悠史**老师撰写

## 多联骨牌是什么？

图 1

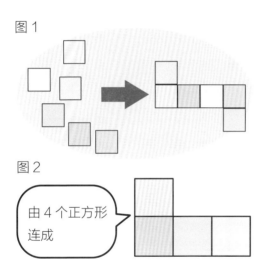

图 2

由 4 个正方形连成

大家肯定都知道正方形吧，那么由多个大小相同的正方形连成的是什么呢？ 如图 1 所示，有 6 个分散的小正方形。如果把它们的边相连接，并组成一个形状，就叫多联骨牌。

多联骨牌的家族很是庞大。其中，就有如图 2 所示的四联骨牌，由 4 个小正方形连成的形状。

## 四联骨牌有几种？

由 4 个大小相同的正方形连成的四联骨牌，一共有几种形态？让我们动起手来画一画吧。

大家可以画出多少种样子呢？如图 3 所示，4 个正方形不管是像 A 这样攒在一起，还是像 E 这样横成一排，都是四联骨牌。

由图 3 可知，四联骨牌一共有 5 种形态。如果将 C 和 D 的翻转图形视为不同的图形，那么可视为有 7 种形态。

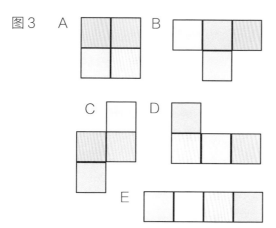

图3

如果将翻转的图形视为同种图形，
一共有5种形态。

## 五联骨牌和六联骨牌

由5个大小相同的正方形连成的是五联骨牌，由6个大小相同的正方形连成的是六联骨牌。与四联骨牌同样，快来找一找它们一共有几种形态吧。

五联骨牌的
12种形态

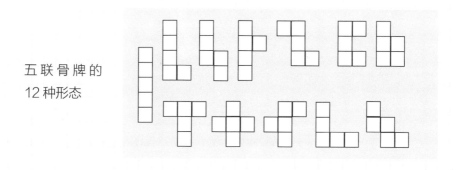

迷你便签

在多联骨牌（polyomino）的词语中，蕴含着"多"和"正方形"的含义。同样，四联骨牌（tetromino）、五联骨牌（pentomino）、六联骨牌（hexomino）中也蕴含着数字4、5、6。

## 原来可以重合

请仔细观察图 1 中的 4 个三角形。其中存在着大小、形状相同，可以互相重合的三角形。想一想，并把它们找出来。

正确答案是，这 4 个三角形都可以互相重合。

其实，这 4 个三角形都可以通过改变方向，变成其他的三角形。假设以 A 为基准来观察其他三角形。

将 A 上下翻折，可以得到 B；A 左右翻折，可以得到 C；A 向左旋转，可以得到 D。

图 1

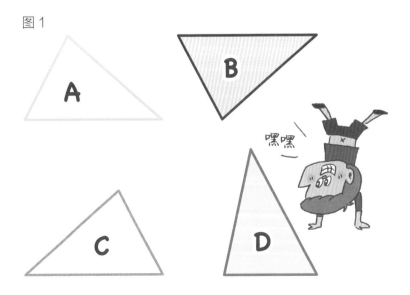

嘿嘿

只是改变方向，就好像变成了其他形状，我们需要具备找出它们的火眼金睛。

## 利用了视错觉……

在图2中，有可以互相重合的图形，快来找一找它们是谁？大概会有很多小伙伴这样猜测：A和C，B和D，可以互相重合。

不过，正确答案是A、C、D都可以互相重合，而B与其他三者不是同样的图形。眼睛看花了没？别急，把书向右旋转90度，看看会发生什么。我们可以很明显地发现，B比其他图形都长。改变看待事物的方向，就会有意想不到的收获哟。

图2

能够完全重合的平面图形，叫作全等图形，是初中的学习内容。一个图形经过平移、旋转、翻折后，所得到的新图形一定与原图形全等。

迷你便签

在这个照相馆中，我们会给大家分享一些与数学相关的，与众不同的照片。带你走进意料之外的数学世界，品味数学之趣、数学之美。

好好感受
儿童的科学
照相馆
Vol 4

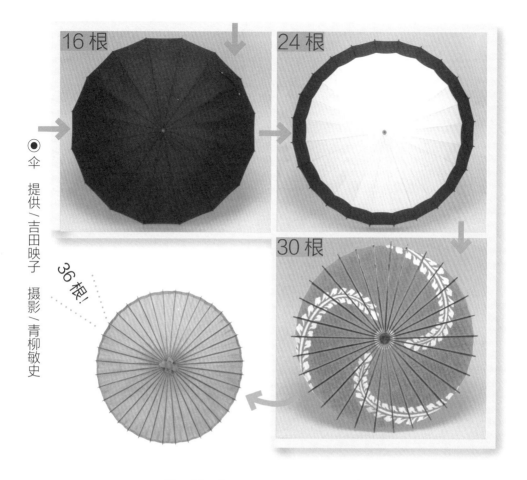

16 根

24 根

30 根

36 根！

伞　提供／吉田映子　摄影／青柳敏史

# 你的伞是什么形状?

**伞骨的数量增加，伞面的形状会……**

照片中展示了各种各样的伞。5 根、6 根等，说的是伞骨的数量。注意到了吗？伞骨数量和伞边的数量是一样的。也就是说，撑开一把 5 骨伞看到的是一个五边形，打开一把 6 骨伞看到的则是一个六边形。

随着伞骨的数量增加，伞面的形状也随之改变，越来越像一个圆。如右所示，这是一把制作于江户时代的伞，伞骨数居然多达 36 根！如同一个圆似的，妙不可言。